BEI GRIN MACHT SICH IHR WISSEN BEZAHLT

- Wir veröffentlichen Ihre Hausarbeit, Bachelor- und Masterarbeit

- Ihr eigenes eBook und Buch - weltweit in allen wichtigen Shops

- Verdienen Sie an jedem Verkauf

Jetzt bei www.GRIN.com hochladen und kostenlos publizieren

Roman Kühn

Global Cities als Knotenpunkte der Weltwirtschaft. Funktionen und Typisierung

GRIN Verlag

Bibliografische Information der Deutschen Nationalbibliothek:

Die Deutsche Bibliothek verzeichnet diese Publikation in der Deutschen National-bibliografie; detaillierte bibliografische Daten sind im Internet über http://dnb.d-nb.de/ abrufbar.

Impressum:

Copyright © 2013 GRIN Verlag GmbH
Druck und Bindung: Books on Demand GmbH, Norderstedt Germany
ISBN: 978-3-656-72273-1

Dieses Buch bei GRIN:

http://www.grin.com/de/e-book/279214/global-cities-als-knotenpunkte-der-welt-wirtschaft-funktionen-und-typisierung

GRIN - Your knowledge has value

Der GRIN Verlag publiziert seit 1998 wissenschaftliche Arbeiten von Studenten, Hochschullehrern und anderen Akademikern als eBook und gedrucktes Buch. Die Verlagswebsite www.grin.com ist die ideale Plattform zur Veröffentlichung von Hausarbeiten, Abschlussarbeiten, wissenschaftlichen Aufsätzen, Dissertationen und Fachbüchern.

Besuchen Sie uns im Internet:

http://www.grin.com/

http://www.facebook.com/grincom

http://www.twitter.com/grin_com

Global Cities als Knotenpunkte der Weltwirtschaft: Funktionen und Typisierung

Inhaltsverzeichnis

1. Einleitung

„There are certain great cities, in which a quite disproportionate part of the world`s most important business is conducted. "

P. Hall (1966:7)

Der Prozess der Globalisierung hat das 20. Jahrhundert mitentscheidend geprägt. Die Internationalisierung der einzelnen Volkswirtschaften sorgte für deren Verzweigung und legte den Grundstein für ein vernetztes System einer gemeinsamen, globalen Ökonomie. Bedingt durch den Zusammenbruch der Sowjetunion und der damit einhergehenden Auflösung einer dualistischen Weltordnung, welche aus dem Kommunismus und dem entgegengestellten System des Kapitalismus bestand, war die Möglichkeit gegeben, die nationalen Wirtschaftsmärkte zu liberalisieren und globalisieren. Die Marktöffnung und die zur gleichen Zeit voranschreitenden Innovationen, besonders in dem Kommunikationstechnischen Segment, führten zu einem Näherrücken der einzelnen Staaten. Die bis dato zum Teil heterogene Weltgemeinschaft wurde - bedingt durch die Globalisierung - zu einem Global Village. Laut Fassmann (2004:189) verloren, aufgrund dieser Entwicklung, die Nationalstaatlichen Grenzen immer mehr an Bedeutung und das Konzept der Global Cities rückte in den Vordergrund.

Da die Abgrenzungen des Begriffs der Global Cities und die Abstimmung der einzelnen Indikatoren, die diese prägen, in der aktuellen Forschung immer noch individuellen und nicht festgelegten Mustern folgen, versucht diese Hausarbeit eine Verbindung zwischen den einzelnen Konzepten und Definitionen zu schaffen und darzulegen. Sie ist dabei wie folgt aufgebaut. Zunächst wird die Definition und das Konzept der Global Cities aufgezeigt, gefolgt von der Darstellung der Funktionsweise und der Typisierung dieser und abschließend erfolgt ein persönliches Fazit zu dieser Thematik.

2. Das Konzept der Global Cities

Wie bereits erwähnt ist die Globalisierung der prägende Faktor in den globalen Verflechtungen, besonders auf politischer und wirtschaftlicher Ebene. Die mit der Globalisierung einhergehenden grenzüberschreitenden Prozesse, gekoppelt mit hochleistungsfähigen Innovationen in der Kommunikations-, Informationstechnologie und einem Anstieg der Mobilität, erzwangen regelrecht die Herausbildung einer neuartigen städtischen Struktur, die „(…) besonders ausgeprägte, internationale Vernetzungen aufweist." (Kulke 2004: 235) „The globalization of economic activity entails a new type of organizational structure. To capture this theoretically and empirically requires, correspondingly, a new type of conceptual architecture. Constructs such as the global city (…)." (Sassen 2005:28).

Das Konzept der Global Cities beruht hauptsächlich auf der Kontroll- und Steuerungsfunktion der Ökonomien in einem globalen Netzwerk. Aber ungleich der Theorie der Zentralen Orte, spielen in dem Modell die Konsumenten als Nachfrager nach Gütern und Dienstleistungen keine Rolle. Diese Funktion wird von den transnationalen Unternehmen und Dienstleistern übernommen. Diese Unternehmenssegmente decken die Bedürfnisse des Ballungsgebietes und Umlandes, wobei bei den Global Cities das Umland als das gesamte globale Netzwerk angesehen wird (Fassmann 2004:189).

Laut Rolf (2006:46) ist der Ausgangspunkt zu der Herausbildung von Global Cities in der Externalisierung des Produzierenden Sektors und der Fokussierung auf den Dienstleistungs- und Finanzsektor zu finden. Die Auslagerung der Produktion auf weltweit kostengünstigere Standorte - möglich gemacht durch Innovationen auf der Kommunikationsebene und der Deregulierung nationaler Wirtschaftsmärkte - führt zu einer Fragmentierung der einzelnen Produktionsprozesse und damit zu einem Anstieg der Komplexität auf der Organisationsebene. Diese entstandene Unübersichtlichkeit erfordert spezialisierte, unternehmensorientierte Dienstleistungen, die die einzelnen Produktions- und Organisationsschritte überwachen und steuern. „Such services have become so specialized and complex, that headquarters increasingly buy them from specialized firms rather than producing them in-house." (Sassen 2002:16). Nach Sassen (1996 zit. in Rolf 2006:46) bedarf der Dienstleistungssektor einer räumlichen Konzentration an Agglomerationsstandorten mit speziellen Bedingungen, die in den Global Cities erfüllt werden können. Somit fungieren Global Cities als „Knotenpunkte einer transnational organisierten kapitalistischen Ökonomie (…)." (Bronger 2004:144,145) und dementsprechend auch als Motoren der Weltökonomie. Diese Annahme wird von Sassen bestätigt in dem sie betont, dass dieses herausgebildete „metropolitane Gitter von Knotenpunkten transterritorial und weltweit (Stadt-) Räume miteinander vernetzt und transagierende Märkte kreiert." (Sassen 1995 zit. in Rolf 2006:56). Das Global City Konzept wurde dabei speziell an „(…) die drei prototypischen

Städte Tokyo, London, New York(...)"angepasst. Diese Metropolen waren die ersten Vorreiter der Global Cities. Ihre Einflussnahme im wirtschaftlichen, finanziellen, politischen und kulturellen Segment, lässt sie von den anderen Metropolen abgrenzen und aufgrund dessen wird die Entwicklung und Einstufung anderer Global Cities an den Vorgaben dieser Troika gemessen und bewertet (Rolf 2006:46).

2.1 Definition der Global Cities

Die besondere Problematik bei der Definition des Begriffes Global City liegt darin, dass keine einheitliche wissenschaftliche Definition existiert. Vielmehr versuchen Wissenschaftler diesen Begriff individuell zu prägen, indem Sie unterschiedliche Einflussfaktoren mit einbeziehen. Deshalb werde ich mich auf die Definition von Saskia Sassen beschränken, da sie den Begriff der Global City mitunter am stärksten beeinflusst hat. Laut Sassen ist die Global City eine (Sassen 1997:20)

> „Stadt (zumeist sehr große Stadt) von herausragender Bedeutung für die Weltwirtschaft. Sitz der Hauptquartiere bedeutender transnational operierender Unternehmen, der wichtigsten Regierungsorganisationen und Nicht-Regierungsorganisationen und ranghöchster unternehmensorientierter Dienstleistungsunternehmen. (...)spezialisierte und hoch differenzierte Arbeitsmärkte, starke soziale und sozialräumliche Segregation, bzw. Polarisierung. (...) Die Global Cities von heute (dienen) erstens als Steuerungszentralen innerhalb der Organisation der Weltwirtschaft, zweitens als wesentliche Standorte und Marktplätze für die derzeit führenden Wirtschaftszweige, d.h. für das unternehmensorientierte Finanz- und Dienstleistungsgewerbe, und drittens als wesentliche Produktionsstandorte dieser Gewerbezweige, wozu auch die Produktion von Innovationen gehört."

Die Global City ist aber als Standort nicht an gewisse Größenordnungen oder an Einwohnerzahlen als prägende Faktoren gebunden. Der Verflechtungsgrad innerhalb der Weltökonomie ist dabei viel prägnanter, „ (...) for industrialized countries the size of a city is nowadays much less important than its level of global connectivity (...)." (McCann 2011:17).

2.2 Funktionen der Global City

Wie die Definition von Sassen zeigt, besitzt die Global City verschiedene Funktionen, die Sie in Ihrem Netzwerk, bestehend aus den anderen Aglommerationszentren globaler Ökonomien, integrieren und agieren lassen.

Da die Global City eine herausragende Bedeutung in der Städtehierarchie aufweist, besitzt sie einen großen Bedeutungsüberschuss für Ihr Umland und hat, gemäß dem Konzept des Zentrale Orte Systems nach Christaller, eine Versorgungsfunktion.

Laut Fassmann (2004:191) wird in den Global Cities aber „nicht die Bevölkerung versorgt, sondern die international tätige Wirtschaft kontrolliert und gesteuert."

Diese Command and Control Funktion wird durch die Ansammlung der Niederlassungen der Head Quarter von transnational agierenden Unternehmen, der Ballung von Finanzdienstleistern und damit der Konzentration von Kapital und der Anhäufung von politischen und kulturellen Institutionen realisiert (Fassmann 2004:191). Somit agiert die Global City als Entscheidungs-, Steuerungs- und Kontrollzentrale in dem nationalen und globalen Wirtschaftssystem (Rolf 2006:47). Der Einfluss der Command and Control Funktion wird über den FIRE- Sektor der Global City geltend gemacht. Der FIRE- Sektor besteht nach Fassmann (2004:191) aus den Segmenten der Finance, Insurance, Real Estate und anderen unternehmensorientierten Dienstleistungen, wie Unternehmensberatungen und Werbeagenturen. In anderen Worten beinhaltet der FIRE- Sektor jegliche Formen von hochqualifizierten, unternehmensorientierten und wissensintensiven Dienstleistungen. Die Standortfunktion der Global City bietet für diesen Teilbereich der Dienstleistungen, die laut Fassmann (2004:191) die wichtigste und neue Industrie ist, welche die alte, traditionelle Industrie der Warenwertschöpfung substituiert hat, hervorragende Niederlassungs- und Agglomerationsmöglichkeiten (Sassen 1997:40).

> Erstens fungieren sie als postindustrielle Produktionsstätten der führenden Gewerbezweige unserer Zeit, des Finanz- und spezialisierten Dienstleistungsgewerbes, und zweitens erfüllen sie die Funktion transnationaler Marktplätze, auf denen Unternehmen und Staaten Finanzinstrumente und spezielle Dienstleistungen erwerben können.

Aufgrund der starken Konzentration und des damit einhergehenden Konkurrenzkampfes unter den einzelnen Segmenten der Dienstleister, kommt es zu einer starken Entwicklungsförderung von Innovationen, „(…)weniger Produktinnovationen als vielmehr innovative Akkumulationseffekte (…)" (Rolf 2006:47), die sich auf die angebotenen

Dienstleistungen, neue Produkte und Strategien beziehen. Vor allem die räumliche Nähe der Head Quarter, der einzelnen Transnationalen Unternehmen und damit der obersten Managementriege, wirkt sich positiv auf diese innovationsschaffende Funktion der Global City aus. Der damit einhergehende Austausch von Informationen und Know-How führt zu einer Verstärkung der bereits erwähnten innovativen Akkumulationseffekte und kräftigt die Pull Faktoren und das Image des Agglomerationsraumes (Hall 1996:4).

> Face-to- face communication, as long ago recognized, encourages agglomeration in the global cities, because of their historically strong concentrations of information-gathering and informational-exchanging activities and their position as nodes for national and international movement (…).

Da die Global City ein Bestandteil eines übergeordneten globalen Wirtschaftsnetzwerks ist, besitzt sie gleichzeitig auch eine Gateway Funktion. Sie ist nicht nur der Knotenpunkt für den Kapital- und Transaktionsfluss, sondern fungiert auch als Dreh- und Angelpunkt zwischen sich und anderen Global Cities, Metropolen und Ökonomischen Standorten. Dementsprechend wird eine hochleistungsfähige und innovative Verkehrs- und Kommunikationsinfrastruktur benötigt, die diesen Anforderungen entsprechen kann. Die Logistik spielt für die Gatewayfunktion eine große Rolle. Aufgrund der räumlichen Situierung von internationalen Flughäfen oder Hafenanlagen, in denen die Waren-, Güter- und Besucherströme verarbeitet werden, agieren sie als Hauptumschlagsplätze und werden nach der Kapazität und ihrem Umschlagvermögen bewertet und hierarchisiert.

2.3 Typisierung der Global Cities

Wie schon bereits erörtert, wird die Dominanzstellung der Global City, in dem globalen Ökonomienetzwerk, anhand des Grades Ihrer Einbindung in diesem System beurteilt (Rolf 2006:42,48). Um ein Wertungssystem, für diesen Grad der Einbindung, aufstellen zu können braucht man miteinander vergleichbare Indikatoren. Wie man an Abb.1 sieht wurde die Top 20 aller Global Cities in einem Ranking zusammengefasst und bewertet. Dabei haben wir 2008 und 2010 als Richtwerte um die Entwicklung der einzelnen Städte verfolgen zu können.

Die Typisierung, nach dem Konzept von Bronger, fixiert sich ausschließlich auf ökonomische und verkehrliche Determinanten. Bronger (2004:146) unterteilt die verschiedenen Indikatoren zu einer Absteckung der Global City folgendermaßen:

- Firmensitz der Zentralen der 500 größten transnationalen Unternehmen (TNC) nach Anzahl (2001) und
- Umsatz (2001)
- Hauptverwaltungen der 500 größten Banken nach Umsatz (2001)
- Sitz der größten Börsen nach Umsatz (2000)
- Bedeutendste internationale Flughäfen nach Anzahl der Passagiere (2001) und
- Frachtaufkommen
- Führende Seehäfen nach Umschlag (2000)
- Sitz bedeutender internationaler/ weltwirtschaftlicher Institutionen (2003)

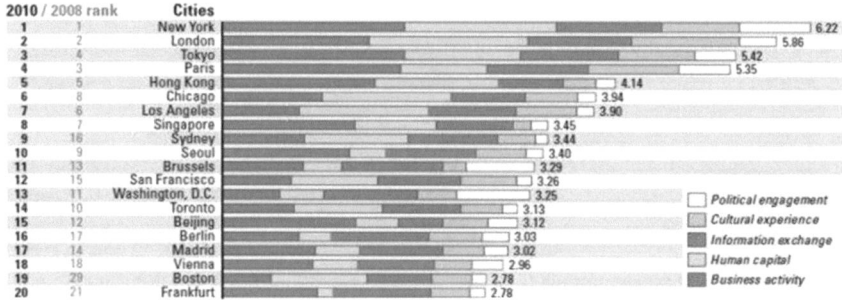

Abb. 1 Global Cities Index 2010 (Quelle: www.globalsherpa.org)

Diese Einteilung macht es möglich empirisch erhobene Datensätze zu sammeln und vergleichend gegenüberzustellen. Mit Hilfe dieses Systems können Rankings, mit einer entsprechenden Gewichtung auf die einzelnen Faktoren, entworfen werden.

Die Problematik bei Brongers Einteilung liegt in den einzelnen Definitionen der Indikatoren. So deutet der Faktor der Head Quarters der 500 größten Unternehmen, keinesfalls die Hauptsitze von absoluten Global Players an. Bronger (2004:147) spezifiziert diese Annahme mit einer unumgänglichen Abgrenzung der TNC`s in multinationale und global agierende Unternehmen. Erstere sind eigentlich nur verlängerte Werkbänke und profitieren hauptsächlich von den Standortvorteilen der ausländischen Märkte. Die global agierenden Unternehmen jedoch sind in den jeweiligen Auslandsmärkten fest integriert. Nach Hoyler (2005:434) ist die Konnektivität einer Global City nicht nur von der Verteilung der Head Quarter abhängig. Sie kann auch durch eine geographisch- strategisch günstige Lage in dem globalen Netz gesteigert werden. Als Beispiel hat er Hong Kong aufgeführt, dessen Konnektivität nach London und New York die höchste im Global City

Ranking ist (s. Abb.1), aber als Niederlassungsstandort für Head Quarters nicht sonderlich auffällt (Hoyler 2005:434). Desweiteren ist die bloße Anzahl an den Niedergelassenen TNC`s eine quantitative Aussage und der qualitative Aspekt entfällt komplett. Es bringt einer Global City verhältnismäßig wenig der Standort mit den meisten TNC`s zu sein, wenn diese die untersten Plätze im Ranking einnehmen und einen geringen Konnektivitätsgrad aufweisen.

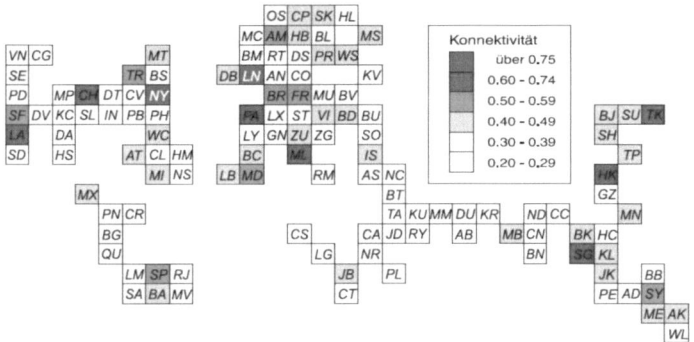

Abb. 2 Konnektivitätsgrad (Quelle: Hoyler 2005:436)

Desweiteren ist der Faktor des Umsatzes an Passagieren des Luftverkehrs sehr schwierig einzuordnen. Er trifft zwar eine wichtige Aussage über die Gateway Funktion der jeweiligen Stadt und definiert ihn somit als Drehkreuz des Luftverkehrs, aber es erschwert auch die nahtlose Unterscheidung zwischen einfachen Touristen und Geschäftsleuten explizit (Fassmann 2004:193). Die Verflechtung und Hierarchie der einzelnen Global Cities kann man sehr gut anhand der Abb.1 sehen. Dort wird der globale Luftverkehr zwischen den Städten dargestellt. Besonders kennzeichnend ist, dass die Agglomerationsräume Westeuropas(London, Paris), Nordamerikas (New York, Chicago, Los Angeles) und Asiens (Tokyos) eine dominante Stellung einnehmen.

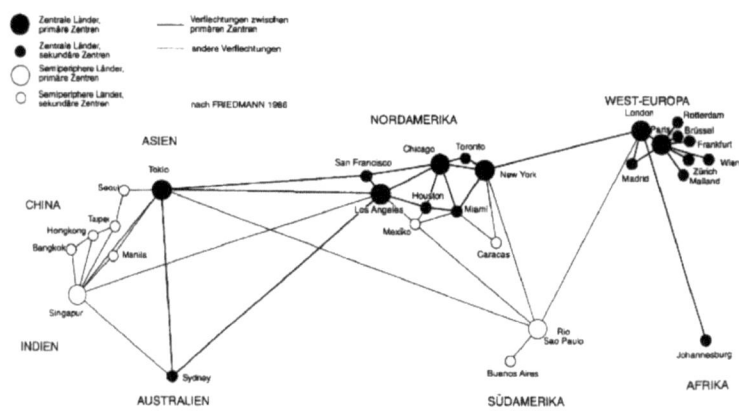

Abb. 3 Hierarchie der Global Cities (Quelle: Kulke, 2004, S. 236)

Eine weitere mögliche Typisierung der Global Cities erfolgt anhand der Messung von Flows. Castells beschreibt Flows folgendermaßen (Rolf 2006:44):

> (…) our society is constructed around flows: flows of capital, flows of information, flows of technology, flows of organizational interaction, flows of images, sounds and symbols. Flows are not just one element of social organization: they are the expression of processes dominating our economic, political, and symbolic life."

Bei der Messung wird versucht Informationen oder unternehmerischen Direktiven, immaterielle Ströme, und die Ankünfte und Abflüge von Flugpassagieren, materielle Ströme, zu messen (Fassmann 2004:192). Diese Art der Klassifikation erweist sich aber als sehr aufwendig und kompliziert, da man eine fortwährende statistische Erhebungen und Auswertungen führen muss. Anhand dieser Messmethode ist aber die Erstellung eines

Rankings in dem die Flows miteinander verglichen werden, wie es in der Abb.1dargestellt wird, möglich.

Eine andere Art der Klassifizierung ist die Katalogmethode. Sie misst die Anzahl des Vorkommens spezieller Dienstleistungen. Dabei werden die Konzernzentralen multinationaler Unternehmen, die Anzahl der Banken und Versicherungen, die Signifikanz einer Börse und internationaler Institutionen, mit politischen Command-and-Control- Funktionen, gemessen und bewertet. Die Messung erfolgt anhand der Abzählung der Adressverzeichnisse, Unternehmensregister und der Jahresberichte der Firmen und Börsen (Fassmann 2004:192).

Mit Hilfe der vorangegangenen Methoden zur Klassifizierung und Typisierung der Global Cities und dem daraus entstandenen Ranking, teilt Fassmann die Städte in 3 Gruppen ein. In Alpha-, Beta- und Gamma Global Cities. Wie bereits erwähnt gelten New York, London und Tokio als Prototypen einer Global City. Ihre globale primacy, ihr globaler Verflechtungsgrad, überragt die der nachfolgenden Städte und dient als Maßstab für den Entwicklungsstand einer Global City. Diese Städte gelten als sogenannte Alpha-Global Cities. Nach Fassmann (2004:193) schließen sich dieser Gruppe auch die Städte Paris, Chicago, Frankfurt, Hong Kong, Los Angeles, Singapur und Mailand an. Die Gruppe der Beta-Global Cities umfasst San Francisco, Sydney, Toronto, Zürich, Brüssel, Madrid, Mexiko City, Sao Paolo, Moskau und Seoul. Zu der letzten Gruppe der Gamma-Global Cities zählen weitere 35 Städte unter Ihnen München, Düsseldorf und Berlin.

Bronger (2004:149) hat eine andere Methode, für die Einteilung, gewählt. Anhand von Indexpunkten, die den Konnektivitätsgrad messen, nimmt er folgende Aufteilung der Großstädte vor. So zählt er nur insgesamt vier Städte zu der Ersten Kategorie, den wahren Global Cities, New York, London, Tokyo und Paris, da sie >300 Indexpunkte des Maßstabes erfüllen. Zu der Zweiten Kategorie, den Städten mit teilweise globalen Kommandofunktionen, zählt er 17 Städte dazu (>100 Indexpunkte) und weitere 21 Städte zählen zu der Dritten Kategorie (>50 Indexpunkte), Städte mit spezialisierter Kommandofunktion.

Trotz der unterschiedlichen Methoden zur Einteilung und Hierarchisierung von Global Cities, bleibt ein Merkmal bestehen und zwar, dass sich fast ausnahmslos alle Global Cities in der Nördlichen Hemisphäre konzentrieren und somit in Nordamerika, Westeuropa und Ost-Asien (s. Abb.1-3). Diese Entwicklung ist vor allem dem hohen techni-schen und ökonomischen Entwicklungsstand dieser Standorte zu verdanken. Im Verlauf der Globalisierung haben sich diese Lagen als Kontroll- und Steuerungszentralen weiter auszeichnen können, während die Global Cities, der Entwicklungsländer, sich im Ver-lauf der Globalisierung zu Produktionszentren spezialisierten und diese Funktion immer noch aufweisen und deshalb keine signifikante Bedeutung in dem globalen Netzwerk der Global Cities spielen (Bronger 2004:154).

3. Fazit

Im Verlauf des Globalisierungsprozesses hat sich die Ausrichtung von städtischen und nationalen Infrastrukturen verändert. Mit dem Aufkommen der Global Cities wurde das Augenmerk weg, von nationalen Leitbildern einer ausgewogenen wirtschaftlichen und städtischen Ordnung, hin zu dem globalen Raum als neuen wirtschaftlichen Standort geleitet. In diesem neuen Netzwerk stehen die Global Cities und nicht mehr nationale Staaten an der Spitze der Hierarchie. Sie sind die Knotenpunkte der Weltwirtschaft. In ihnen konzentrieren sich die transnationalen Unternehmen, die global agierenden politi-schen Institutionen und die Finanzmärkte. Durch innovative, hochleistungsfähige Infra-strukturen wird eine Vernetzung der Global Cities untereinander ermöglicht. Sie agieren als Zentren für Innovationen und Entwicklung.

Doch diese Konzentration führt zu der Herausbildung von peripheren Gebieten, die im-mer mehr von dem Anschluss an den Weltmarkt ausgegrenzt werden. Eine dualistische ökonomische Rangfolge ist die Konsequenz, zwischen den hochentwickelten Städten und dem Rest der Welt. Auch innerhalb der Global City kommt es zu einer weiter stei-genden Polarisierung und Fragmentierung der Bevölkerungs- und Stadtstruktur, wo-durch sich die Prozesse der Gentrifizierung und des Ausschlusses von Bevölkerungs-gruppen verstärken.

4. Literaturverzeichnis

Bronger, D. (2004): Metropolen, Megastädte, Global Cities. Darmstadt, Wissenschaftliche Buchgesellschaft

Fassmann, H. (2004): Stadtgeographie I. Braunschweig, Westermann Schulbuchverlag

Hall, P. (1966): World Cities. London, Weidenfeld and Nicolson

Hall, P. (1996): Globalization and the World Cities. *Conference on World Cities and the
Urban Future,* 1-19

Hoyler, M. (2005): Transnationale Organisationsstrukturen, vernetzte Städte: ein Ansatz
zur Analyse der globalen Verflechtungen von Metropolregionen.
Informationen zur Raumentwicklung, Heft 7, 431-438

Kulke, E. (2004): Wirtschaftsgeographie. Paderborn, Ferdinand Schöningh

McCann, P. & Acs, Z.J. (2011): Globalization: Countries, Cities and Multinationals.
Regional Studies, 17-32

Rolf, H.J. (2006): Urbane Globalisierung. Wiesbaden, Deutscher Universitätsverlag

Sassen, S. (1997): Metropolen des Weltmarkts. Frankfurt/Main, Campus Verlag

Sassen, S. (2002): Locating Cities on global circuits. *Environment & Urbanization Vol 14
No1*, 13-30

Sassen, S. (2005): The Global City: Introducing a Concept. *Brown Journal of World
Affairs, Volume XI, Issue 2*, 27.43

5. Abbildungsverzeichnis

Abbildung 1: http://www.globalsherpa.org/best-world-city-list
Abbildung 2: Konnektivitätsgrad (Quelle: Hoyler 2005:436)
Abbildung 3: Hierarchie der Global Cities (Quelle: Kulke, 2004, S. 236)